BEI GRIN MACHT SICH IHR WISSEN BEZAHLT

Bibliografische Information der Deutschen Nationalbibliothek:

Die Deutsche Bibliothek verzeichnet diese Publikation in der Deutschen National-
bibliografie; detaillierte bibliografische Daten sind im Internet über http://dnb.d-
nb.de/ abrufbar.

Impressum:

Copyright © 2009 GRIN Verlag, Open Publishing GmbH
Druck und Bindung: Books on Demand GmbH, Norderstedt Germany
ISBN: 9783640543717

Dieses Buch bei GRIN:

http://www.grin.com/de/e-book/137620/myoelektrische-armprothesen

Mandy Lindner

Myoelektrische Armprothesen

GRIN Verlag

GRIN - Your knowledge has value

Der GRIN Verlag publiziert seit 1998 wissenschaftliche Arbeiten von Studenten, Hochschullehrern und anderen Akademikern als eBook und gedrucktes Buch. Die Verlagswebsite www.grin.com ist die ideale Plattform zur Veröffentlichung von Hausarbeiten, Abschlussarbeiten, wissenschaftlichen Aufsätzen, Dissertationen und Fachbüchern.

Besuchen Sie uns im Internet:

http://www.grin.com/

http://www.facebook.com/grincom

http://www.twitter.com/grin_com

Myoelektrische Armprothesen

Hausarbeit
zum Wahlpflichtfach Biomedizintechnik
an der Hochschule Niederrhein Krefeld
Fachbereich Gesundheitswesen

von

Mandy Lindner

Tag der Einreichung: 02.02.2009

Inhaltsverzeichnis

1. Einleitung

Myoelektrische Prothesen sind künstliche Gliedmaßen für Menschen mit Unter- oder Oberarmamputationen, die ihren Trägern die Funktionalität ihres verlorenen Armes oder der verlorenen Hand teilweise ersetzt.

Der Ersatz der oberen Extremitäten ist zum Vergleich zu den unteren Extremitäten mit wesentlich mehr Schwierigkeiten verbunden. Zum einen ist die Zahl der Bewegungsmuster größer, zum anderen muss die einzelne Prothesenfunktion wie Greif- oder Ellenbogenbewegung über die notwendige Energie verfügen. Die Stumpf- und Massenkräfte reichen für diese Funktionen nicht aus. In der heutigen Zeit werden die Bewegungen der Prothesen nicht mehr unmittelbar durch Muskelkraft erzeugt, sondern nur vom Muskel gesteuert. Je nachdem, ob körpereigene Energiequellen, d.h. verbliebene Muskeln oder äußere Energiequellen, z.B. Batterie mit Motor, zur Betätigung der Prothesen genutzt werden, unterscheidet man körperkraftgetriebene und fremdkraftgetriebene Prothesen. Myoelektrische Prothesen, die zu den Fremdkraftprothesen gehören, nutzen die elektrischen Potenziale der verbliebenen Muskulatur des Stumpfes zur Steuerung der Prothesenfunktionen.

Eine fertige Prothese besteht aus dem Innenschaft (Stumpfbettung), dem Außenschaft (formgebende Hülle) und den Systembauteilen wie z.B. System-Elektrohand, Ellbogenpassteil, Akku, etc.

Erstmals wurde 1980 auch die Bezeichnung „bionic arm" benutzt. Der Begriff „Bionik" leitet sich im deutschen Sprachraum von „Biologie" und „Technik" ab. Neue Leichtbauweisen, leistungsfähigere Komponenten, Mikroprozessoren und neue Methoden der Signalverarbeitung ermöglichen heute was vor 20 Jahren noch nicht als möglich galt.[1] Gerade hierfür sind die myoelektrischen Prothesen unabdingbar. Zukünftig sollten sie zusätzliche Bewegungsmöglichkeiten bieten, sich möglichst intuitiv steuern lassen und eine natürliche statische und dynamische Kosmetik aufweisen.

Für die Weiterentwicklung myoelektrischer Prothesen sind die Patientenbefragungen besonders wichtig. Diese ergaben:

- *„schnellere Greifgeschwindigkeit,*
- *natürlichere Formen, Farbtöne und Bewegungen der Armprothesen,*
- *leichteres Gewicht,*
- *größere Kapazität der Akkus,*
- *einen schmutzabweisenden, leicht zureinigenden kosmetischen Schutzhandschuh,*
- *die Kraft, mit der die Armprothese zugreift, sollte gespürt werden können und*

---

[1] vgl. Pylatiuk (2006)

- *die Armprothese sollte zusätzliche Bewegungen und Griffarten ermöglichen.* "[2]

2. Abgrenzung myoelektrischer Prothesen zu anderen Prothesenarten

Um diverse Prothesenarten vorzustellen, wird sich in dieser Arbeit ausschließlich auf die Firma Otto Bock bezogen. Welche Prothese für welchen Patient wann in Frage kommt, wird im Rahmen einer Zustandserhebung ermittelt, in der spezifische Anforderungen und individuelle Gegebenheiten eines Patienten überprüft werden. Die Zustandserhebung bildet die Basis für die weitere individuelle Versorgung.

Die Prothesenversorgung wird bei Otto Bock in drei Grundtypen eingeteilt:

2.1 Kosmetische Armprothese

Kosmetische, so genannte passive Armprothesen werden von Menschen getragen, für die das äußere Erscheinungsbild von großer Bedeutung ist. Neben der rein ästhetischen Funktion hilft diese Prothese auch im Alltag. Gegenstände können mit ihr abgestützt und bei bestimmten Tätigkeiten als Gegenhalt benutzt werden. Durch den Verzicht auf aktive Steuerelemente hat sie ein besonders niedriges Gewicht, was bei hohen Amputationshöhen von großer Bedeutung ist.

Abbildung 1: kosmetische Armprothese

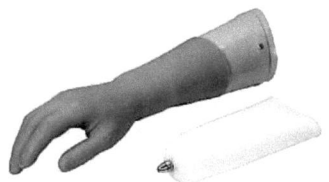

Quelle: www.gluaserag.ch[3]

---

[2] Zitat aus: *Bionische Armprothesen* von C. Pylatiuk, Zeitschrift: Der Orthopäde, Volumen 35, Number 11/ November 2006, Seite 1169-1175, Springer Verlag/ Heidelberg
[3] Quelle: http://www.gluaserag.ch/produkte/prothesen.html?untergruppe=86&titel=Arm-Prothesen, download: 01.02.2009

2.2 Zugbetätigte Armprothesen

Zugbetätigte Armprothesen sind Eigenkraftprothesen. Die Prothesenfunktion wird über die eigenen Körperkräfte z.B. des Stumpfes und/oder des Schultergürtels gesteuert. Über eine Kraftzugbandage, die meist vom Prothesenarm über den Rücken zur Schlaufe um die gesunde Schulter verläuft, wird die Bewegung an der Prothese eingeleitet. Durch die Bewegungsübertragung mittels Eigenkraft bekommt der Patient über die Kraftzugbandage ein Gefühl für die Bewegung.

Abbildung 2: zugbetätigte Armprothese

Quelle: www.gluaserag.ch[4]

Vorteil: - einfache Mechanik
          - günstige Anschaffungskosten
          - geeignet für Personen , die im Wasser hantieren
Nachteil: - unnatürliche Bewegungen
          - gewöhnungsbedürftige Kraftzugbandagen
          - stark eingeschränkte Griffkraft

2.3 Myoelektrische Armprothesen

Myoelektrische Armprothesen sind Fremdkraftprothesen, das heißt, sie werden nicht über die Muskelkraft des Patienten, sondern mit Hilfe elektrischer Energie getrieben. Diese Prothesen werden häufig auch EMG-Prothesen (elektromyographische) genannt.

Abbildung 3: myoelektrische Armprothese

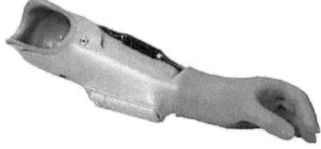

Quelle: www.gluaserag.ch[5]

Vorteil: - geeignet für Personen, die keine Eigenkraftprothese steuern können oder wollen
          - hohe Griffkraft bei geringer Eigenkraft
          - Minimalisierung der unphysiologischen Bewegungen

---

[4] Quelle: http://www.glauserag.ch/produkte/prothesen.html?untergruppe=86&titel=Arm-Prothesen, download: 01.02.2009
[5] Quelle: http://www.glauserag.ch/produkte/prothesen.html?untergruppe=86&titel=Arm-Prothesen, download: 01.02.2009

Nachteil: - hohes Gewicht

              - hohe Anschaffungskosten

              - kann nicht in Feuchträumen eingesetzt werden

3. Myoelektrische Prothesensteuerung

Zur Steuerung der elektrischen Prothesen haben sich in der Vergangenheit 2 Methoden etabliert.

Die Steuerung von myoelektrischen Prothesen erfolgt mit Hilfe von Elektroden, die direkten Hautkontakt haben. Dabei werden myoelektrische Prothesen über die elektrischen Potenziale der verbliebenen Muskeln (Beuger- und Streckermuskulatur) gesteuert. Im Gegensatz dazu werden bei anderen Fremdkraftprothesen zur Steuerung der aktiven Bauelemente auch Drucksensoren oder Miniaturschalter eingesetzt. Die Elektroden sind nicht-invasiv und arbeiten zuverlässig. Bei einem Defekt können die Elektroden leicht ausgewechselt werden. Allerdings ist pro Gelenk, das aktiv bewegt werden soll, jeweils eine Muskelgruppe erforderlich, die willkürlich und unabhängig von anderen Muskelgruppen kontrahierbar sein sollte. In der Praxis haben sich 1–2 Elektroden bewährt.[6] Technisch sind Prothesen mit 6 Steuerungsebenen seit kurzem realisiert.

Vereinfacht dargestellt entsteht bei jeder Kontraktion eines Muskels (auch die erhaltene Restmuskulatur nach einer Amputation) aufgrund biochemischer Vorgänge eine elektrische Spannung im Mikro-Volt-Bereich, die auf der Haut gemessen werden kann. Die geringe Spannung wird verstärkt und als Steuersignal an die Prothese weitergegeben.[7] Durch die Cokontraktion beider Muskeln kann zwischen zwei Bewegungen umgeschaltet werden. Auf dieser Weise können gleiche Muskeln zur Steuerung weiterer Bewegungen verwendet werden. So im Fall der Otto Bock-Prothese zur Drehung der Handgelenks.[8]

3.1 Signalübertragung

Die Reizübertragungssysteme des menschlichen Körpers basieren auf chemische und elektrische Prozesse. Reizweiterleitungen innerhalb von Nerven- oder Muskelfasern erfolgen auf der Basis von Aktionspotenzialen (elektrische Übertragung). Die Aktionspotenziale der Muskelfasern dienen als Signalüberträger. Als myoelektrische Spannung wird die Potenzialdifferenz zwischen der aktuellen Größe des Aktionspotenzials und dem Ruhepotenzial einer Muskelzelle bezeichnet. Jedoch wird das gemessene Summensignal als myoelektrische Spannung be-

---

[6] vgl. Pylatiuk (2006)
[7] vgl. Bock-DynamicArm®
[8] vgl. Reischl (2006)

nannt, da das Anspannen eines Muskels auf der Kontraktion mehrere Muskelzellen und -fasern beruht. Die Messung findet oberflächlich oder intramuskulär mittels Nadel-Elektroden statt. Myoelektrische Signale können intramuskulär direkt gemessen werden, wobei oberflächige Ableitungen zu qualitativ minderwertigen Signale führen. Hier wird nur ein Summensignal aus mehreren Muskelfasern und/oder Muskelgruppen gemessen. Das Gewebe zwischen Muskel und Sensor wirkt als Filter für hohe Frequenzanteile. Die oberflächliche Abtastung schränkt den auswertbaren Frequenzbereich myoelektrischer Signale auf ca. 10 bis 1000Hz ein.[9] Sollten Läsionen abgegriffener Muskelgruppen vorhanden sein, verschlechtert sich die Signalqualität und für die Interpretation der Signale gehen wichtige Informationen verloren. Allerdings haben laut Reischl (2006) Untersuchungen mit subkutanen bzw. implantierten Elektroden am kurzen Amputationsstumpf bei der Ansteuerung von Prothesen keine signifikanten Vorteile gegenüber Oberflächensensoren gezeigt. Ein großer und nicht unbeachtlicher Nachteil der Nadel-Elektroden ist die erhöhte Gefahr der Infektion.

Um Oberflächen-EMG-Sensoren einsetzten zu können, erfordert es die Abtastung oberflächennaher Muskelgruppen.

3.2 Signalaufnahme

Um bewusste Aktionen des Trägers auszuwerten und zu interpretieren, kommen Mensch-Maschinen-Schnittstellen (Man-Machine-Interface: MMI) zum Einsatz.

„Als Mensch-Maschine-Schnittstelle werden alle wahrnehmbaren Komponenten eines technische Systems (kurz: Maschine) bezeichnet, die der Kommunikation mit ihren Benutzern dienen. Die notwendigen Funktionen sind dabei nach ergonomischen Gesichtspunkten auf Mensch bzw. Maschine zu verteilen."[10]

Bei myoelektrischen Prothesen, insbesondere bei funktionellen Handprothesen, setzt MMI die Kontraktion der Armstumpfmuskulatur des Patienten/Anwender in eine Bewegung der Prothese um. Dies erfolgt nach einem im MMI enthaltenen vorgegebenen Schema. Der Träger einer EMG-Prothese muss in der Lage sein, seine Stumpfmuskulatur bewusst oder unbewusst zu kontrahieren, um dem MMI eine einheitliche Auswertung zu ermöglichen. Das Schema zur Kommunikation zwischen Mensch und Maschine ist in Abbildung 4 dargestellt.

Die Mensch-Maschine-Schnittstelle erfasst menschliche Aktionen in Form von Sensorsignalen, die aus den Kontraktionen der Muskeln des verbliebenen Armstumpfes gewonnen werden und macht sie der Maschine in Form von Steuersignalen verfügbar. Die Umwandlung der Sensorsignale in Steuersignale erfolgt durch eine Biosignalanalyse, bei der die auf-

---

[9] vgl. Reischl (2006)
[10] Zitat aus: *Ein Verfahren zum automatischen Entwurf von Mensch-Maschine-Schnittstelle am Beispiel myoelektrischer Handprothesen* von Markus Reischl, Dissertation 2005, Universität Karlsruhe

genommenen Signale bewertet und interpretiert werden. In umgekehrter Richtung können Informationen über die Maschine (Signale, Zustände) dem Menschen über MMI mitgeteilt werden.[11]

Abbildung 4: Mensch-Maschine-Kommunikation (Grafik vom M. Lindner geändert)

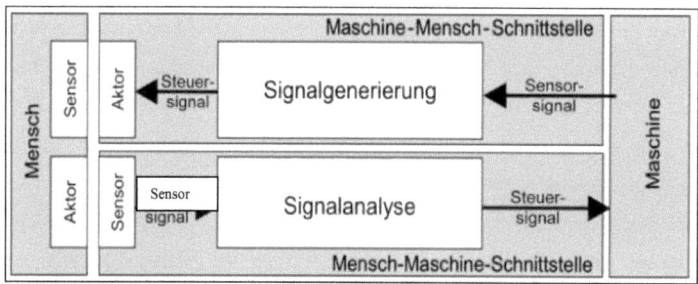

Quelle: Betthauer (2008)

„Eine Signalaufnahme der für die ursprüngliche Bewegung physiologisch sinnvollen Muskeln ist in den meisten Fällen unmöglich, da

- *die zugehörigen Muskeln meist lädiert oder gar nicht vorhanden sind,*
- *die Stumpfmuskulatur ohne Training verkümmert, somit niedrige oder gar keine Signal-amplituden generiert werden können und folglich nur starke Muskelgruppen erfasst werden können, und*
- *bei der Amputation i.A. die Stumpfmuskeln miteinander vernäht werden und somit keine eigenständigen Signale mehr generiert werden können."[12]*

So ist es wichtig, dem Patienten die Fähigkeit zu vermitteln, ausgewählte EMG-Signale gezielt für die Prothesensteuerung einzusetzen.

Otto Bock entwickelte speziell den MyoBoy®, um unter anderem ein gezieltes Muskeltraining durchführen zu können. Ein integriertes Computerspiel hilft dem Patient dabei spielerisch, seine myoelektrische Prothese zu beherrschen. Während des Muskeltrainings versucht der Techniker mit Hilfe vom MyoBoy® elektrische Spannung auf der Haut zu orten und zu messen. Die gewonnen Daten erleichtern dem Techniker, das beste Steuerungssystem für den Patienten zu ermitteln.

Abbildung 5: MyoBoy® von Otto Bock mit Zubehör

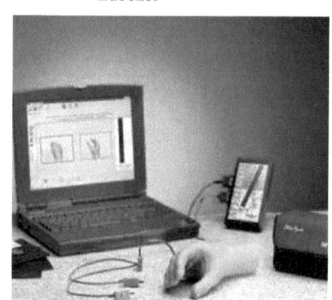

Quelle: www.ottobock.de[13]

---

[11] vgl. Reischl (2006)

[12] Zitat aus: *Ein Verfahren zum automatischen Entwurf von Mensch-Maschine-Schnittstelle am Beispiel myoelektrischer Handprothesen* von Markus Reischl, Dissertation 2005, Universität Karlsruhe

[13] Quelle: http://www.ottobock.de/cps/rde/xchg/ob_de_de/hs.xsl/5743.html, download: 01.02.2009